美国心理学会儿童情绪管理读物
What-to-Do Guides for Kids

好担心，怎么办？
学会克服焦虑情绪

What to Do When You Worry Too Much
A Kid's Guide to Overcoming Anxiety

［美］道恩·许布纳（Dawn Huebner） 著
［美］邦妮·马修斯（Bonnie Matthews） 绘
汪小英 译

化学工业出版社
·北京·

What to Do When You Worry Too Much: A Kid's Guide to Overcoming Anxiety, the first edition by Dawn Huebner; illustrated by Bonnie Matthews.
ISBN 978-1-5914-7314-5
Copyright © 2006 by the Magination Press, an imprint of the American Psychological Association (APA).
This Work was originally published in English under the title of: *What to Do When You Worry Too Much: A Kid's Guide to Overcoming Anxiety* as a publication of the American Psychological Association in the United States of America. Copyright © 2006 by the American Psychological Association (APA). The Work has been translated and republished in the **Simplified Chinese** language by permission of the APA. This translation cannot be republished or reproduced by any third party in any form without express written permission of the APA. No part of this publication may be reproduced or distributed in any form or by any means, or stored in any database or retrieval system without prior permission of the APA.

本书中文简体字版由 the American Psychological Association 授权化学工业出版社独家出版发行。

本版本仅限在中国内地（不包括中国台湾地区和香港、澳门特别行政区）销售，不得销往中国以外的其他地区。未经许可，不得以任何方式复制或抄袭本书的任何部分，违者必究。

北京市版权局著作权合同登记号：01-2024-5543

图书在版编目（CIP）数据

好担心，怎么办？：学会克服焦虑情绪 /（美）道恩·许布纳（Dawn Huebner）著；（美）邦妮·马修斯（Bonnie Matthews）绘；汪小英译. -- 北京：化学工业出版社，2025.2. --（美国心理学会儿童情绪管理读物）. -- ISBN 978-7-122-46900-7

I. B842.6-49

中国国家版本馆CIP数据核字第20248EG809号

责任编辑：郝付云　肖志明　　　　装帧设计：大千妙象
责任校对：赵懿桐

出版发行：化学工业出版社（北京市东城区青年湖南街13号　邮政编码100011）
印　　装：北京新华印刷有限公司
787mm×1092mm　1/16　印张5¼　字数45千字　2025年5月北京第1版第1次印刷

购书咨询：010-64518888　　售后服务：010-64518899
网　　址：http://www.cip.com.cn

凡购买本书，如有缺损质量问题，本社销售中心负责调换。

定　价：29.80元

目 录

写给父母的话 / 1

第一章
担心为什么越来越多? / 6

第二章
什么是担心? / 12

第三章
担心是如何产生的? / 18

第四章
逻辑分析 / 28

第五章
减少担心时间 / 34

第六章
反驳担心 / 44

第七章
重置身体系统 / 58

第八章
跟担心说再见 / 70

第九章
你能做到! / 76

写给父母的话

如果您家里有焦虑的孩子，您会经常有无能为力的感觉。其实，孩子也一样。那些总是焦虑的孩子经常被自己的担心所俘虏，从而竭力避免去自己害怕的场合，出于担心一遍又一遍地问同样的问题。然而，回答这些问题并没有使他安心。您不得不花大量的时间来安慰、劝解他，想尽办法缓解他的紧张。

但这都不起作用。焦虑仍然在控制着他。没错，正如您看到的，对正处于担心中的孩子简单地说"不要担心"，根本不起作用。用大人的逻辑给孩子讲道理，或者让他避免去恐惧的场合，或者安慰他，这些都不管用。

担心会像植物一样生长、蔓延。用劝说的方式难以消除焦虑，但也不是毫无办法。《好担心，怎么办？》会教给您和孩子一种全新的、更有效的方法来看待和管理焦虑，帮助您的孩子掌控情绪。

您和孩子已经习惯了以一种特殊的方式来应对焦虑。改变这种模式需要一些时间，并且需要双方的努力。提醒孩子使用书中的技巧，这是最重要的。尽可能地用幽默的方式，保持积极乐观的态度，并鼓励孩子朝着正确的方向努力。

书中的方法以认知行为理论为基础，这些方法被心理治疗师广泛地用于克服常见的焦虑情绪。如果您了解这些心理学知识，就能更有效地辅导孩子。书中的方法都经过调整，适于儿童，并做了详细的说明，帮助孩子理解。陪孩子一起阅读的时候，您可能也很想了解其发生作用的原理和机制。

书中的方法基于三个原理：控制、外化和竞争需求。要理解控制这一原理，请先想象一升牛奶装在牛奶盒里，并没有占用太多空间。您可以把牛奶盒放在桌子上或冰箱里，然后去做其他的事。现在想象一下，如果这一升牛奶没有装起来，就会成为一大摊污渍，你只能绕过去或者踩过去，真是一团糟！

担心就像这一升牛奶一样，如果没有装进容器里，它就会洒得到处都是，让你避之不及。担心需要控制。"减少担心时间"这一章提出，创建一个装担心的容器，安排专门用来担心的时间，在心理上等同于把牛奶装进容器里，而不是让它流得到处都是。

接下来，单独地看待担心，把它当作独立的、有自己名字的个体，而不是孩子身上的一部分。把焦虑或担心看作一位不受欢迎的客人，不想让他来家里做客。以这种方式将担心外化，让孩子为控制焦虑做好准备。"反驳担心"这一章就讲到这一点。

竞争需求原理认为，一个人不能同时既放松又焦虑。做一些有趣的事情可以有效地遏制焦虑。转移注意力是摆脱担心的有效方法之一。当孩子沉浸在玩具里、游戏里，或者专注地骑自行车时，即使实际情况没有改变，但是他的心里也没有什么地方可以放置担心了。

朗读这本书的效果最好。和孩子一起慢慢地读，仔细看插图，并按照指导做书里的练习。每次只读1~2章，然后停1~2天再继续读下一部分，因为孩子需要时间消化吸收新的想法，练习新的策略。

焦虑通常有遗传因素，这意味着，如果您的孩子容易焦虑，您本人也可能如此。您可以和孩子一起练习书中对抗焦虑的策略。这些基本原理和方法对成人同样有效。

然而，如果您因为孩子的焦虑而非常担忧，可以寻求心理治疗师的帮助，他能够为您和孩子提供额外的指导和帮助。如果焦虑严重影响了孩子的生活，您也应当咨询治疗师。

从您看到这本书的那一刻起，就请牢记积极思考的力量，相信孩子能够变得坚强有力，战胜焦虑，要对孩子充满信心。未来的某一天，您可以这样说："我的孩子曾经容易担心，如今已经不再轻易担心了，他变得坚强又勇敢。"这时，您的感觉是不是很棒？

担心为什么越来越多?

一般情况下，只要你认真照料一株植物，它就会长得很好。

你种过西红柿吗？如果你把种子种在肥沃的黑土里，保证充足的阳光照射，按时给它浇水，没多久一个小小的嫩芽就会冒出来。

如果你坚持每天给它浇水，小小的西红柿苗很快就会长大，长出很多叶子，开出花来。然后，有一天，一个西红柿出现了！

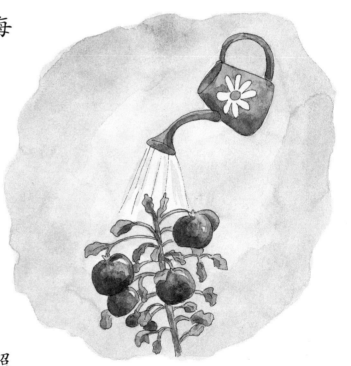

如果你继续照料这棵西红柿，它就会结出越来越多的西红柿，以至于你需要一本西红柿菜谱，从上面学习怎样做西红柿酱、西红柿汤！

你家餐桌上会出现各种西红柿美食：西红柿金枪鱼沙拉、西红柿三明治、西红柿汁、西红柿意大利面。可是西红柿越结越多，以至于爸爸建议把它们切碎，用来做西红柿冰淇淋和西红柿饼干！

所有这些西红柿都来自一粒小小的种子，是你将它种下，天天浇水照料才长出来的。

你以前种过什么东西吗?
把它画出来吧。

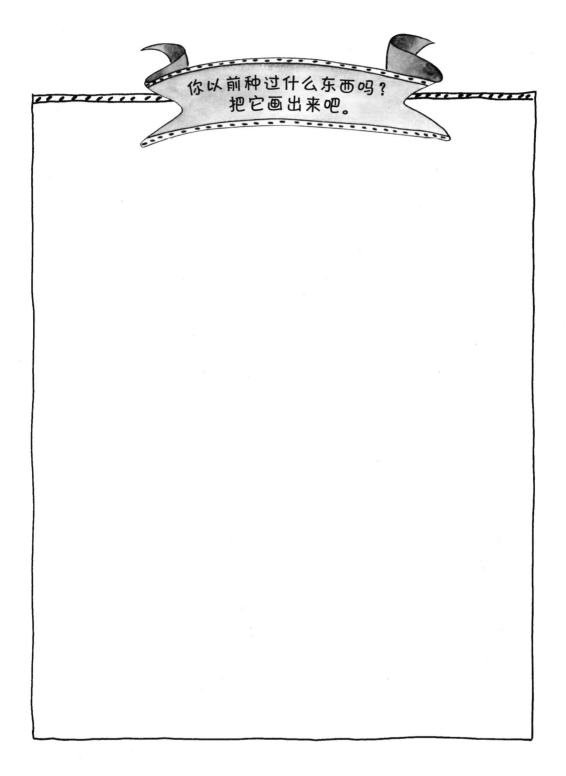

你知道吗,担心的情绪就像西红柿一样,不是说它可以吃,而是说,只要你关注它,它就会不断长大。

很多孩子总是在照看他们的担心,即使他们并非有意这样做。很快,当初小得像一粒西红柿种子的担心,就会变成一大堆问题,让你无法摆脱。

如果这种事发生在你身上，你每天都很焦虑，那这本书就适合你。

坏消息是，你可能已经知道了，担心长得很快，会引发很多问题。

好消息是，你可能不知道，你有能力摆脱这些担心，而且一定能做到。

继续读下去，你就知道该怎么做。

什么是担心?

成年人有时会将担心叫作紧张或焦虑。人们会用**紧张不安**来形容爱担心的人。

不管叫什么,担心就是会让你心烦意乱、感觉不好。

担心可以是让你害怕的具体想法,比如:"足球训练后,妈妈忘了接我怎么办?"担心也可以是模糊的感觉,比如,上学前总感到紧张,恶心想吐,虽然你不太确定到底是什么事情让你产生这些感觉。

每个人都有担心的时候。

比如,去医院的路上,担心打针是很正常的,考试前担心会有很难的生字也属正常。大多数孩子都会有点担心,比如,家政阿姨第一次来家里,或者进入没有灯的黑屋子里。

很多担心都没有实际意义,比如,担心有怪物,其实怪物并不存在;担心没有人喜欢自己,实际上每天都有小伙伴跟你一起玩。

不管别人是否觉得合理，担心的人肯定觉得这些担心都是真实存在的。如果一个拥抱或一些安慰就能消除担心，是不是很好？

可是，有些担心却无法消除。

担心的孩子发现他们总是被担心困在原地，即使爸爸妈妈从来没有忘记接他，即使去医院并没有打针，即使他以前跟家政阿姨相处得很好，担心还是会持续不断地出现在他的脑海里。

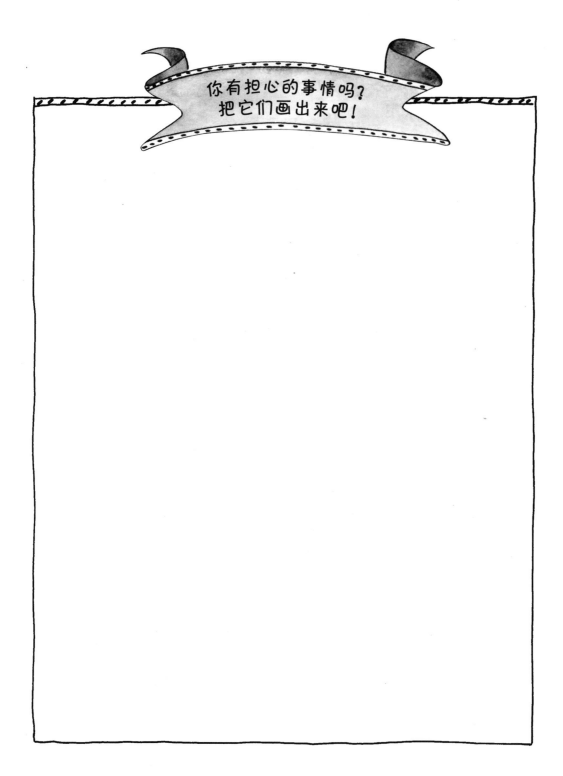

你有担心的事情吗?把它们画出来吧!

如果你在读这本书,你可能容易焦虑,而别人可能不太理解你。你担心的时间可能要比别人预期的时间长。别人可能一直对你说"不要担心",但对你来说,停止担心并不是那么容易。

虽然没那么容易,但是你仍然可以做到。

一旦你对焦虑有了更多的了解,就可以采取行动,努力去摆脱它。

担心是如何产生的？

看到或听到一些可怕的事情会让人开始担心。看负面新闻或有坏人的电影会让孩子觉得坏事会发生在自己身上。

有时候坏事真的会发生，比如有人去世，父母离婚，或者最好的朋友不理你了。

发生了可怕的事情，或者你听到、看到了一些令人担忧的事情，于是觉得类似的事情也会发生在自己身上，这时担心就开始了。

每个人都会遇到困难或感到失望。许多孩子难过一阵子，然后就去想一些好事，让自己高兴起来。有些孩子很会安慰自己，并能想办法解决问题。通常，我们向别人倾诉后，感觉就会好起来。而有些孩子跟你一样，虽然也做了同样的事情，之后还是感到担心。

有时，总爱担心的孩子，他们的爸爸妈妈或者其他家人也总爱担心。担心与遗传有关，就像眼睛的颜色，头发是否卷曲，舌头能否卷起来一样。

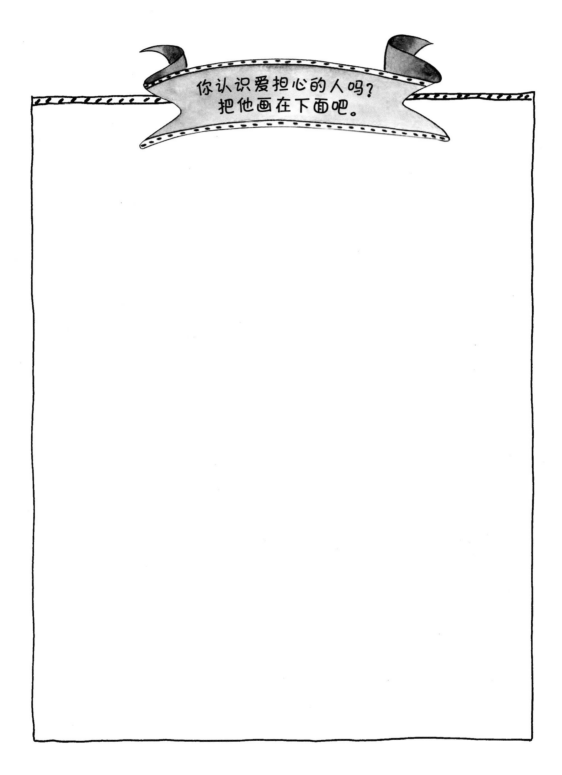

有些人认为担心都是你**想出来**的,但其实不是!

如果你很容易担心,你就知道担心会让你的身体不舒服。它会让你肚子疼、头痛、流汗、心慌、身体发抖、头晕目眩,感觉自己快要晕倒或者想吐。事实上,有些孩子的身体已经有过这些感觉,但是他们并没有意识到这是担心引起的!

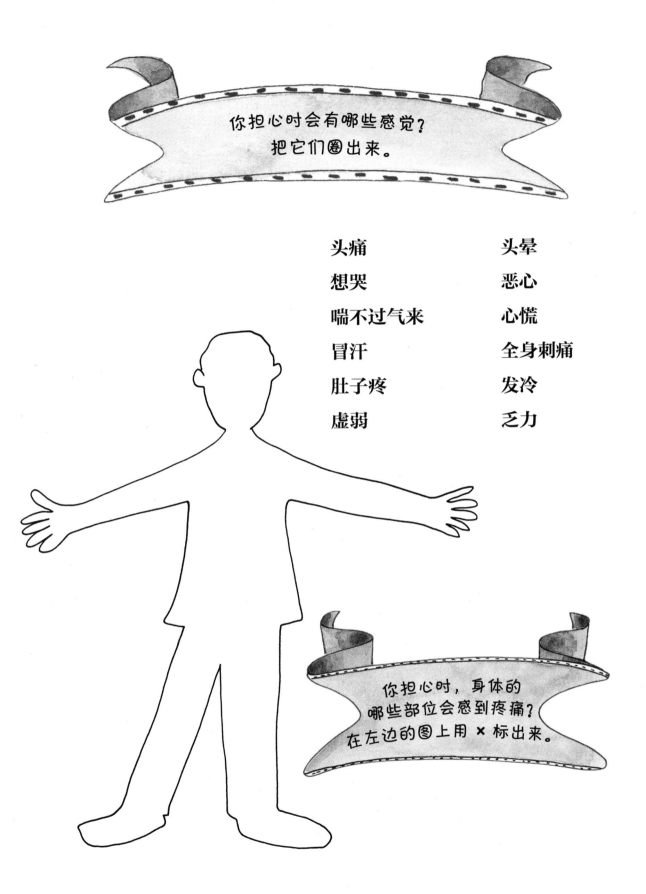

没有人喜欢经常担心，这并不好玩，还会让你的身体感觉不舒服。担心还会引起其他问题，你知道吗？

爱担心的孩子跟父母或他们熟悉的人在一起时，感觉最好。他们会逃避一些在其他孩子看起来很有趣的事情，比如去朋友家玩或者在朋友家过夜。

别的孩子轻易能做到的事，爱担心的孩子做起来就有点难。对他们来说，独自坐公交车去上学或者独自入睡都很难。因此，他们错过了大多数孩子能做的事情。

更糟糕的是，总是担心的孩子会发现，大人会对他们生气。

你一遍又一遍地问同一个担心的问题，妈妈就**会生气**。

当担心使你难以独自入睡时，爸爸会感到**疲倦**，变得**暴躁**。

你因为担心而身体不舒服，总跟老师请假去看医生，老师也会很**无奈**。

你的担心惹恼过别人吗?有人因此发脾气吗?

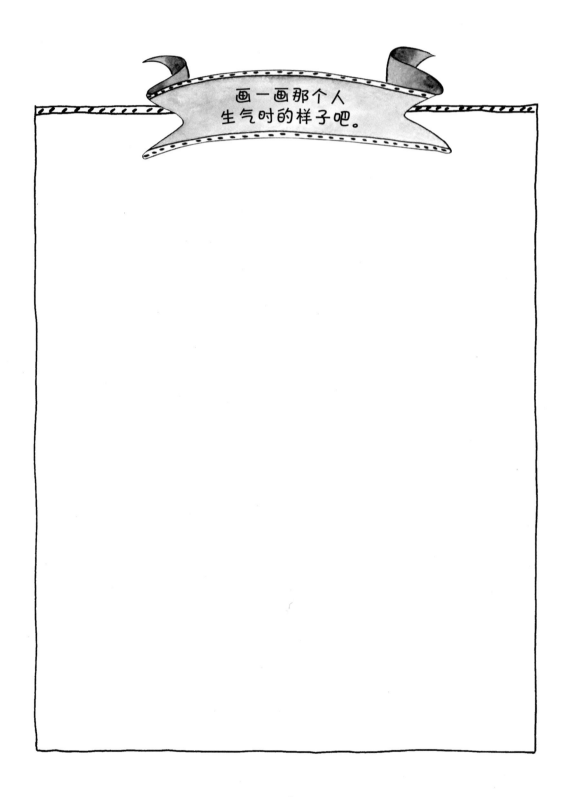
画一画那个人生气时的样子吧。

关于担心的坏处说得够多了。

现在我们来谈谈如何消除你的担心。

逻辑分析

当你担心时，要做的第一件事就是把它说出来。你可以对自己说，也可以去找能帮助你的人，比如妈妈或爸爸，跟他们说一说。

然后，运用**逻辑分析**这件事，从而缓解焦虑。

逻辑分析就是让你思考实际发生的事情，而不是担心可能会发生的事情。

这么做就是提醒自己，真正不好的事情并不是经常发生。

而且，即使有些不好的事发生了，你也可以应对。

当你使用逻辑分析事情的时候，你可以制订一个计划，让自己更加镇定，减少担心。

假设你害怕狗，觉得狗随时会扑过来咬你。如果新认识的朋友请你去他家玩，你马上就会担心起来。你会想："如果他家有狗怎么办？""如果他的狗咬我怎么办？"你甚至决定不去他家了，因为你不想被狗咬。

不要花太多的时间担心这个问题，先尝试用逻辑去思考。比如，你朋友家可能根本就没有狗！你问问他就知道了，这不仅能够节省时间，还能消除你的担心。

如果你发现朋友的确有条狗。你可以提前告诉他，你害怕狗，狗会让你紧张。等你到他家时，他会把狗拴好，或许你会发现他家的狗很温顺。

写下你担心的一件事。

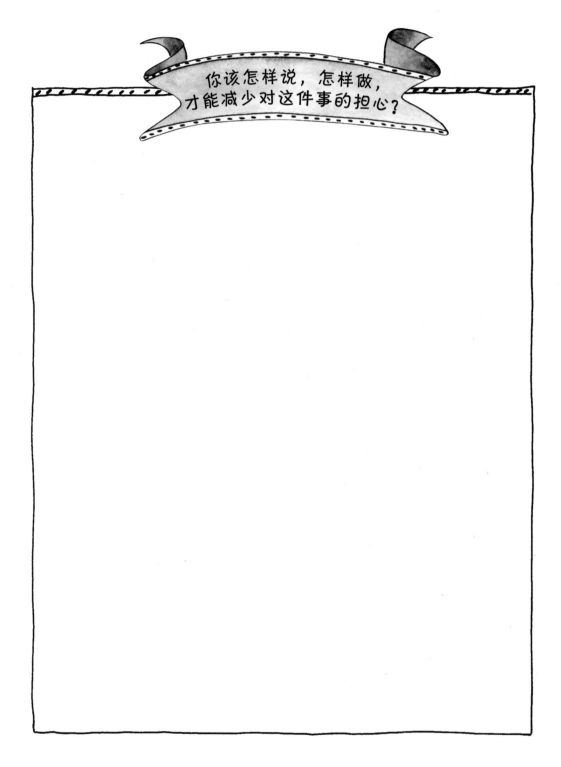

你该怎样说，怎样做，才能减少对这件事的担心？

有时,即使你进行了逻辑分析,制订了计划,甚至父母也开导了你,可你仍然担心。

遇到这种情况时,你就应该想一想那个西红柿的例子了。

第五章

减少担心时间

还记得那棵西红柿吗?担心就像西红柿苗,如果你天天去观察它,给它浇水、除虫,细心照料它,那么它就会越长越好。担心也是如此,如果你总是担心一件事,一遍又一遍地谈论这件事,你就是在帮助担心越长越大。

如果你不理西红柿苗,不给它浇水,不去看它的叶子上有没有虫子,它就会枯萎,最终死去。担心也像这棵西红柿苗,如果你不在上面花时间,它就会不断缩小,然后慢慢消失。

如果你是个爱担心的人，试试在闹钟上设定一个**担心时间**。父母可以帮你选择一段特定的时间，让你每天专门用来担心。担心时间以15分钟为宜。

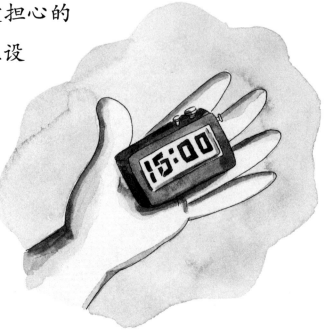

妈妈或爸爸会和你在一起，听你诉说你的一切担心。这段时间不应当有干扰，不能看电视、打电话、陪弟弟玩，也不能辅导妹妹的作业。

在担心时间里，你可以把所有担心的事说出来，爸爸妈妈会耐心倾听，并尝试帮助你。

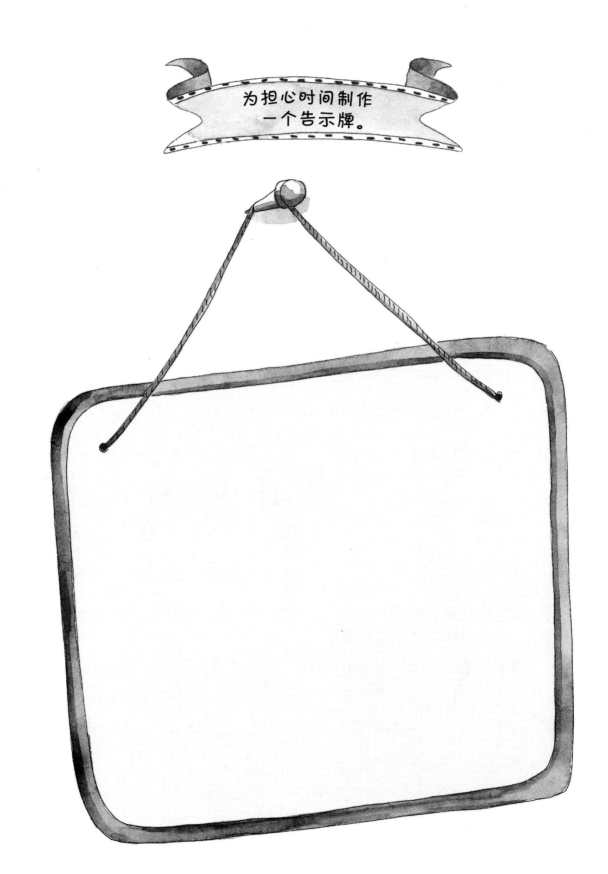

担心时间只有一个重要的规则：

如果某件担心的事情一直困扰着你，你也只能在担心时间才能想它或谈论它。

只有在担心时间，才可以想或谈论担心的事。

如果担心时间没到，你的担心来了，那就想象一个结实的盒子，闭上眼睛，这样你就可以在脑海里想象这个盒子的样子——它有一个坚固的盖子，还有一把结实的锁。然后，你想象着把自己的担心放进盒子里，锁起来。提醒自己，等担心时间到了，你才可以想这件事，现在先把它放进担心盒子里，可以去忙别的事。

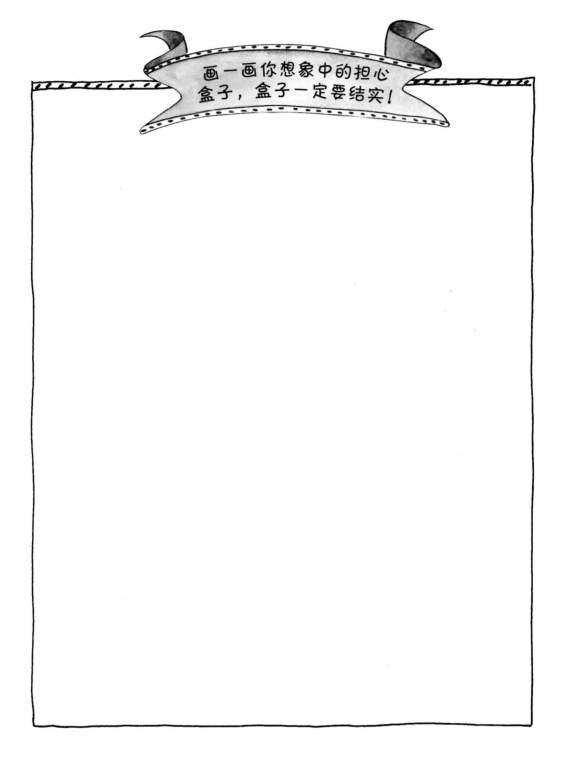

画一画你想象中的担心盒子,盒子一定要结实!

如果不是担心时间，你问父母一个担心的问题，你的父母会告诉你先把担心放进担心盒子里，到担心的时间再说。

只有在担心时间，爸爸妈妈才会回答你担心的问题。

他们也不再安慰你，这件事只能在担心时间做。

这似乎有些苛刻，你很担心一件事，爸爸妈妈却说："先把这件担心的事情放进盒子里锁起来吧！"或者说："到担心时间我们再谈这个问题。"

你可能不想等待，但实际上这是个很好的办法。因为一遍又一遍地谈论或者回应它，就好像一天到晚给西红柿苗浇水，会让担心疯长！

当你学着把担心放进担心盒子里，直到担心时间才把它们拿出来，你会发现一些有趣的事情。

一开始，你可能觉得很难等到担心时间，因为你有那么多担心的事情要诉说。等待真是难熬，因为担心的事情不断冒出来，你要想象自己一次又一次把它们塞回担心盒子里。

你要不断告诉自己，到了担心时间再说。

可是你不久就会发现,等终于到了担心时间,有些担心的事情自行消失了。当时你打开担心盒子,你就会发现盒子里并没有你想象的那样多的担心事情。如果你不去关注那些不断困扰你的无谓的担心,也不再一遍遍询问令自己担心的事情,那么你的担心也会慢慢地不见了。

你的担心时间也会有所改变。一开始你要说的担心事情很多,有大事,也有小事。后来,那些担心的小事消失了,你可以用担心时间来谈论让自己担心的大事。

过了一段时间后,你会发现不是每天都有大事要谈,你在担心时间可以只跟父母聊聊天。不过,你的父母还要继续陪你度过这15分钟,但这段时间不再只聊担心的事情了,你可以给它改个名字,比如**聊天时间**。

第六章

反驳担心

你可能发现有些担心的问题总是一次次冒出来，你要一次次把它们放回担心盒子里。真令人沮丧，不是吗？

然而，想想看你该怎么办？你仍然有解决办法！你可以学着反驳担心，把它们赶走。

你可能已经知道怎么反驳担心了。反驳就是当你不喜欢某件事情时，要站出来，坚持自己的想法。

有些孩子会和家长顶嘴，反驳家长的教导，这不应该，因为爸爸妈妈是来帮助你的。但是，反驳担心是对的，因为担心只会给你带来困扰，是**欺负弱小**的坏蛋。

发挥想象力，想象一下你心中担心的样子：

它像一个小怪兽，刻薄、难看，冒着臭气，有着尖尖的爪子，不停地大声嚷嚷着自己的想法；或者它像一团乌云，不停地在你身上洒下担心的雨滴。

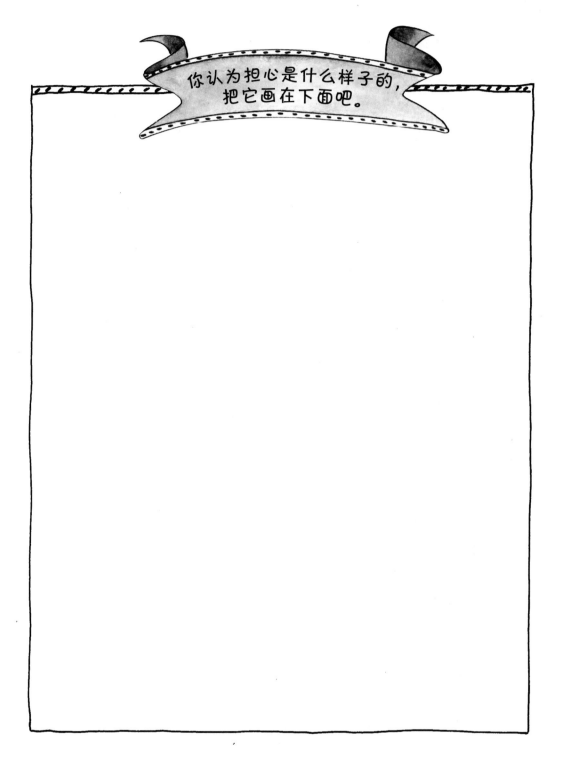

你想让担心一直在你周围闲逛吗?当然不想!现在唯一的问题是,担心小怪兽比你强大,它知道这一点,你也知道。

然而,你猜怎么样?

你可以变得更强大。

你可以学着反驳担心。

你可以拒绝向担心投降,让它从你身边走开。

有几件事你要记住。

担心小怪兽觉得逗弄你很好玩。因此,它们会夸大事实、撒谎,想让你相信最可怕的事情一定会发生,而实际

上,可怕的事情却不太可能发生。所以,你一定要记住:不能相信担心小怪兽的话!

在过去,担心会让你一天到晚感到害怕。但现在你知道了是担心小怪兽在撒谎,为的就是让你害怕。

你觉得那个担心小怪兽怎么样?它是不是让你很生气?你生气就对了!生气可以让你感觉更强大,更容易做接下来的事情。下一步,你需要坚定地反驳它。

你可以对担心小怪兽说"走开"。你可以在心里说,也可以大声说出来,但要用坚定的语气把你的真实想法说出来。

告诉担心小怪兽,你不相信它说的话。

反驳担心会让你更有力量。它让担心小怪兽的力量变得越来越弱，让你一点一点地变得坚强。

再试一次，把担心小怪兽赶走。告诉它：

你可以想象自己把担心小怪兽从身上赶走，然后它滚落到地上，你用脚把它踢得远远的，就可以去干别的事情了：玩你喜欢的玩具，看电视，或者问问父母能否帮他们一起做晚餐。

> 你在撒谎，我再也不听你的了。

担心小怪兽可能还会继续在你身边大声嚷嚷，希望你能关注它。你可不能上它的当，要将注意力放在其他事情上。

如果不理会担心小怪兽，你可以做哪些事情？把它们列出来吧。

当你刚开始反驳担心时,它可能很快就返回来找你,因为它仍然觉得你是弱者,一直都听它的话。它很可能又会回到你的耳边。

你要不断练习,果断地反驳它,让它走开,让它知道你是很认真地在跟它说话。

努力找点其他事情做,这样你就没有时间和精力去担心了。

爸爸妈妈也可以帮助你。

当你总是担心不已，如果你的父母不停地安慰你，他们实际上是在帮助担心小怪兽来控制你。

一旦你开始反驳担心，你的父母就要停止回答令你担心的问题。与此相反，他们应当提醒你，担心小怪兽又回来了，正在你的耳边，悄悄地对你说着各种让你担心的事情。

爸爸妈妈可以提醒你，要反驳担心，他们可以帮助你让担心小怪兽**滚开**！

如果每次担心时你都这样做，担心小怪兽的力量就会越来越弱，直到根本无法再爬到你的耳边。到那时，你可能会为自己感到骄傲，因为这意味着你已经比担心小怪兽还要强大，已经成功地把它赶跑了。

第七章

重置身体系统

有时你想让担心小怪兽赶紧离开，然后去玩或者想其他事情，但是担心已经让你身心俱疲。不过，局面仍然可以控制，有很多方法可以让你的身体恢复正常。

当担心小怪兽让你的身体感觉不舒服时，你需要"重置身体系统"，这是指做一些事情来改变身体的感受。

重置有两种方式。

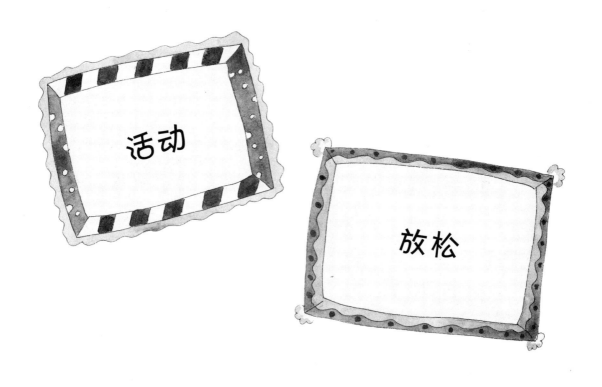

活 动

当你担心的时候，你的身体会发生一些变化，比如，你的心跳加速，肚子开始疼。这虽然没有生命危险，但感觉很糟糕。为了让身体恢复正常，你需要将那些对身体不利的多余能量消耗掉。消耗能量的最佳途径就是做一些积极有趣的事。

你可以让哥哥帮你数数，看看能不能在100之内上下楼梯4次。

跟爸爸玩抛接球的游戏。

在小区里骑自行车。

你可能不想去跑步，因为你感到不舒服，没有力气，不想玩。但是，动起来有助于重置身体系统，让身体恢复到正常状态。所以，反驳担心后，就让自己活动一下吧。

你会通过哪些活动重置身体系统呢？在下面画一画或写一写吧。

放 松

如果你在乘车、上课、睡前或者其他不适合活动的时间突然感到担心,那么你可以用一种较安静的方式重置身体系统,这种方式就叫作放松。

放松不仅仅指深呼吸,当担心让你坐立不安时,你的身心感觉都很糟糕,很难平静下来。

如果深呼吸难以让你平静,那么准备好,你接下来要学会一种特别的放松方法,改善身心的状态。

让我们从身体开始,一步一步来。

第一步,绷紧和放松身体肌肉。

攥紧拳头。

双腿绷紧。

脸部肌肉保持紧张。

保持身体紧绷,心里默数到5。

然后放松整个身体,
让肌肉松弛下来。

第二步，调整呼吸。用鼻子吸气，用嘴呼气。

每一次吸气时，想象空气从鼻孔进去，流到腹部。

当你准备好了，将空气从嘴里呼出。

当你吸气的时候，感受一下平静，让清凉的空气充满你的身体。

当你呼气的时候，感受那种紧张、燥热的空气离开你的身体。

吸气……呼气。

吸气……呼气。

吸气……呼气。

吸气……呼气。

吸气……呼气。

一共做5次。

现在你的身体已经感觉好多了，接下来我们再来看看你的大脑。当你担心的时候，担心的想法占据了你所有的心思。即使你尝试放松自己的身体，这些想法还是让你感觉很糟糕。

人们可能会对你说不要担心，但正如你所知道的，这真的很难做到。这就像你的脑海中有一个巨大的电视屏幕正在播放担心的节目，你不能不看！

然而，你可以换频道。

你已经知道如何换电视频道，现在你要学会转换大脑的频道。

从选择记忆开始。

选择一段特别的记忆,它通常来自快乐的时光,当时你非常高兴,或是克服了困难终于获得了成功。你可能有许多这样的记忆,比如,在垒球比赛中打了一个三垒打,或是在一窝刚出生的小狗中为自己选了一个小伙伴。

想想那种让你真正感觉好的记忆,回忆尽可能多的细节,比如,当时你穿了什么衣服?空气中有什么气味?你能听到什么?你触摸到了什么?你看到了什么?

把你的特别记忆画出来或写下来。

练习回忆特别的记忆时,你会注意到这些记忆会让你感觉好起来。只要回忆喜欢的记忆,就能唤起当时的感受。经过练习,很快你就会注意到,你不只记得当时快乐、兴奋或自豪的感觉,你当下就有了同样的感受。

你猜怎么着?快乐、兴奋或骄傲的感觉挤走了担心!大脑中总播放担心想法的频道切换到了你喜欢的频道上。

每天留5分钟时间来练习这种重新设置身体系统的放松方式。刚开始的时候,在担心较少出现的时间段进行练习。

通过收紧和放松肌肉让身体准备好。深呼吸5次(记得用鼻子吸气,用嘴呼气)。然后尽可能详细地回想某段自己喜欢的记忆。

重置身体系统的活动方式很快就能见效,而放松方式需要一定的练习。不过,你不久就会发现它同样有效。花时间去练习吧,当你担心的时候,你就可以改善自己的情绪。

跟担心说再见

你现在已经知道了很多关于担心小怪兽的事情，也知道如何摆脱它们的办法。但是，你还应当知道怎样防止担心小怪兽再回来找你麻烦。

你要知道的是，担心小怪兽会悄悄地跑回来找你。

如果你很容易担心，而担心小怪兽又回来烦你时，你要有对付它们的办法。

照顾好自己可以让你有足够的力量去对抗担心。要吃健康的食品，保证充足的睡眠。如果你又累又饿，就难以应对担心小怪兽。

每天锻炼身体，保持身体强壮。你可以坚持进行某项体育运动，如跑步、爬楼梯。每天都要锻炼自己的肌肉，这样身体就有更多的能量来应对担心小怪兽。

想一想，在玩了捉迷藏或者滑雪橇之后，你的感觉有多好，这是因为运动有助于你释放压力。当我们感到匆忙或当我们做某件事非常辛苦时，压力就来了；当别人对我们发火，或者当很多事情同时发生时，我们也会产生压力。

在压力之下，我们会感到疲倦和急躁。运动是消除压力的好方法，会让我们的身心变得更强大。

为了照顾好自己,你应当做些什么呢?

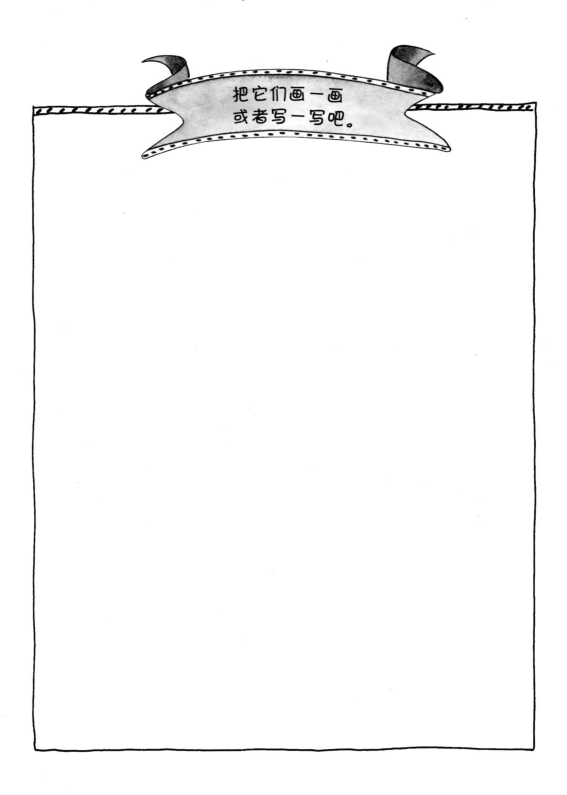

把它们画一画或者写一写吧。

你还记得吗？担心小怪兽专门欺负软弱的人。

要想打败它，你不仅需要强壮的身体，还需要强大的内心。让内心强大的方法之一就是知道自己擅长哪些事情。

也许你是个好朋友。

也许你的数学能考高分。

也许你在球队比赛的时候特别能进球。

也许你很会画画。

也许你唱歌很好听。

发现自己的优点，去做你擅长的事情。要为自己感到骄傲。你可以和身边的成年人谈谈自己的优点。

知道自己擅长的事情可以让你更自信，更好地应对担心。

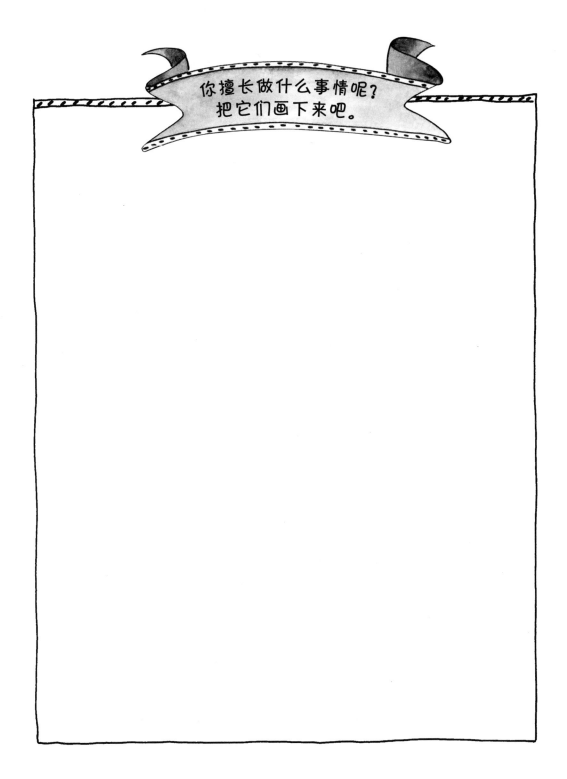

第九章

你能做到！

打败担心小怪兽并不容易。

它已经习惯了让你听它的,但你可以改变这一点。

你越多地练习书中的内容,就会变得越强大。一旦你变强大,担心小怪兽就会变软弱。

你现在比之前更强大了,因为你知道该怎样做了。

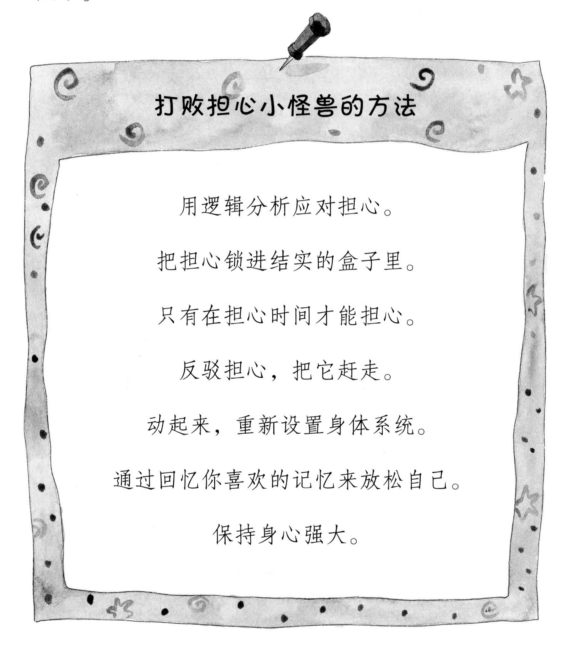

打败担心小怪兽的方法

用逻辑分析应对担心。

把担心锁进结实的盒子里。

只有在担心时间才能担心。

反驳担心,把它赶走。

动起来,重新设置身体系统。

通过回忆你喜欢的记忆来放松自己。

保持身心强大。

现在你已经不再害怕担心小怪兽了,对付它们会更容易。你可以做一个不再被担心困扰的孩子了。

想象自己会摆脱担心。

想象你足够坚强,可以把担心小怪兽赶走。

想象担心小怪兽真的走开了。

感觉真是太棒了!